Bibliografische Information der Deutschen Nationalbibliothek:

Die Deutsche Bibliothek verzeichnet diese Publikation in der Deutschen Nationalbibliografie; detaillierte bibliografische Daten sind im Internet über http://dnb.d-nb.de/ abrufbar.

Impressum:

Druck und Bindung: Books on Demand GmbH, Norderstedt Germany
ISBN: 9783668758292

Dieses Buch bei GRIN:

https://www.grin.com/document/433993

Marleen Gerdon

Flexibles Rechnen in der Grundschule

Rechenmethoden und Rechenstrategien der halbschriftlichen Addition und Subtraktion

GRIN Verlag

Campus Landau
Institut für Mathematik

Sommersemester 2016

Bachelorarbeit

Analyse zum flexiblen Rechnen in Klassenstufe 3

Verfasserin:

Marleen Gerdon

Abgabetermin:

08. Juni 2016

Studiengang: Bachelor of Education – Grundschulpädagogik (4. Fachsemester)

Inhalt

VORWORT 3

THEORETISCHER TEIL 4

1. Methoden des Rechnens 4

1.1 Kopfrechnen 4

1.2 Halbschriftliches Rechnen 5

1.3 Schriftliche Verfahren des Rechnens 6

2. Rechenstrategien 7

2.1 Halbschriftliches Rechnen: Addition 8

2.2 Halbschriftliches Rechnen: Subtraktion 9

2.3 Probleme und mögliche Fehler beim halbschriftlichen Rechnen 10

3. Flexibles Rechnen 12

3.1 Hintergrund 12

3.2 Bildungsstandards und Teilrahmenplan 15

PRAKTISCHER TEIL 16

4. EIGENE UNTERSUCHUNG 16

4.1 Rahmenbedingungen 16

4.2 Untersuchungsmaterial 17

4.2.1 Erste Studie: Teil A 17

4.2.2 Zweite Studie: Teil B 20

4.3 Methoden und Durchführung der Untersuchung 20

4.3.1 Teil A 20

4.3.2 Teil B 22

4.4 Ergebnisse 23

4.4.1 Teil A 23

4.4.2 Teil B 26

FAZIT 29

LITERATURVERZEICHNIS 31

ABBILDUNGSVERZEICHNIS 33

ANHANG 34

Elternbrief 35

Aufgabenmuster Teil A 36

Aufgabenmuster Teil B 38

Bearbeitete Aufgabenblätter: Teil A 39

Bearbeitete Aufgabenblätter: Teil B 47

Vorwort

Das flexible Rechnen ist ein essentielles Ziel im Mathematikunterricht. Anhand der TIMSS-Studien von 2007 und 2009 ist auffällig, dass knapp 20% der Grundschülerinnen und Grundschüler am Ende der vierten Klasse große Defizite im Fach Mathematik und zum Teil nur elementare mathematische Fertigkeiten aufweisen (*vgl. Rechtsteiner-Merz, 2013, S.13; Krauthausen/Scherer, 2008, S.190).*

Im Mittelpunkt des flexiblen Rechnens stehen das Verständnis des Zahlbegriffs und der Rechenstrategien, die als Grundlage dienen, um generelle Einblicke in Zahl- und Aufgabenbeziehungen zu erlangen und diese verknüpfen zu können. Es wird angestrebt, dass einfache zählende Rechnen durch das Automatisieren von Fakten zu ersetzen, um so zum verstehenden Rechnen zu gelangen, denn das zählende Rechnen ist fehleranfällig, zeitaufwändig und bedarf an hoher Konzentration (*vgl. Rechtsteiner-Merz, 2013, S.26 ff.).*

Der Teilrahmenplan Mathematik als auch die Bildungsstandards sehen es als eines der wichtigsten Ziele des Mathematikunterrichts an, allgemeine mathematische Fähigkeiten am Ende der Grundschulzeit erworben zu haben: Argumentieren, Modellieren, Kommunizieren, Problemlösen und Darstellen. Diese prozessbezogenen Kompetenzen, die erst durch die Einführung der Bildungsstandards relevant wurden, sollten bereits ab dem ersten Schuljahr stattfinden bzw. gelehrt werden, dass die Kinder am Ende ihrer Grundschulzeit einen eigenständigen Mathematikunterricht und ein selbsterklärendes Rechnen erlebt haben, sodass sie mathematisch selbstständig sind (vgl. Rahmenplan Grundschule - Teilrahmenplan Mathematik, 2014,, S.10 ff.; Bildungsstandards, 2004, S. 7f.).

Da die Kinder oft Defizite und Probleme in den Kompetenzen des Argumentierens und Begründens haben, kann ein Unterricht, in dem die Kinder mathematisch weitestgehend selbstständig arbeiten, sie eher zum flexiblen Denken befähigen, weil sie dadurch Inhalte und Zusammenhänge verstehen und im besten Falle auch Anderen erklären müssen *(vgl. Hasemann/Gasteiner, 2014, S. 70 ff., 127 f.; Krauthausen/Scherer, 2008, S.193).*

In dieser Bachelorarbeit geht es um die Analyse flexiblen Rechens in einer dritten Jahrgangsstufe. Um die Basis für das Analysieren meiner Untersuchung zu schaffen, wird im Theorieteil auf die Rechenmethoden, die Rechenstrategien der halbschriftlichen Addition und Subtraktion und deren Fehler eingegangen, bevor der theoretische Teil mit dem Auseinandersetzen des flexiblen Rechnens endet.

Theoretischer Teil

1. Methoden des Rechnens

In der Grundschule unterscheidet man im Allgemeinen zwischen vier Rechenmethoden. Ursprünglich sollte sich die Bachelorarbeit auf nur zwei dieser Rechenarten beschränken, jedoch wurde aufgrund der durchgeführten Praxisuntersuchung auch das schriftliche Rechnen relevant. Lediglich das Rechnen mit dem Taschenrechner spielt in der hier vorliegenden Arbeit keine Rolle.

1.1 Kopfrechnen

Beim Kopfrechnen wird eine Aufgabe ohne Hilfsmittel und ohne eine Notation von Zwischenschritten gelöst (*vgl. Krauthausen/Scherer, 2007, S.43).*

Das Kopfrechnen wird nicht nur auf das reine Ausrechnen einer Aufgabe im Kopf beschränkt, sondern auf das Merken von Zwischenschritten und Teilergebnissen und das Auswendigwissen von Grundaufgaben (mit deren Umkehrungen) erweitert *(vgl. Krauthausen/Scherer, 2008, S.43; Rathgeb-Schnierer, 2006, S.49; Schipper, 2009, S.126).*

Schipper (2009) fordert, Aufgaben, die nur einen Rechenschritt benötigen, sollen als Grundvoraussetzung von Kindern im Kopf gerechnet werden können. Um dies zu bewältigen, spielt die Größe der Zahlen keine Rolle, jedoch sollte das Wissen über das Stellenwert- und Analogieverständnis vorhanden sein. Je größer eine Zahl wird, desto mehr erfordert es eine Vereinfachung (zum Beispiel ein vorher gelerntes Verfahren) zu nutzen. Hierzu muss der Grundstein bereits im ersten Schuljahr gelegt werden. Einem Kind muss bereits während der Behandlung des Zahlenraums bis 20 bewusst gemacht werden, dass sich alle Aufgaben auch auf weitere Zahlenräume (bis 100 und bis 1000) übertragen lassen *(vgl. Schipper, 2009, S.116, 141).*

$$12 + 3 = 15,$$

$$\text{da } 2 + 3 = 5 \text{ (Analogiebildung)}$$

Sicher ist das Kopfrechnen für den Mathematikunterricht unabdingbar, aber gerade auch im Alltag ist es für Kinder unerlässlich. Nicht umsonst heißt es: Non scholae sed vitae discimus. (Wir lernen nicht für die Schule, sondern für das Leben.) Ein Kind muss den Umgang mit Geld erst erlernen. Schickt man es beispielsweise mit 3€ in eine Eisdiele, damit es sich ein Eis kaufen kann, muss es wissen, wie viele Kugeln Eis sich das Kind für 3€ kaufen kann.

Es sind alltägliche Probleme, zum Beispiel auch im Umgang mit der Zeit, die man ohne das Kopfrechnen nur schwer bewältigen kann.

1.2 Halbschriftliches Rechnen

Halbschriftliches Rechnen wird auch als „gestütztes (Kopf-)Rechnen" bezeichnet, welches durch die Notation von Teilschritten oder Zwischenergebnissen gekennzeichnet ist. Maßgebend ist hier, dass die Art und Weise der Notation nicht festgelegt ist, auch wenn dies in manchen Schulbüchern anders scheint. Durch den offenen Weg der Notation, deutet sich eine erste Hinführung zum flexiblen Rechnen an (*vgl. Kühnel, 1930, S.63; Padberg, 2007, S.160; Krauthausen/Scherer, 2007, S.43, 46)*.

Padberg (2007) zeigt einige Stärken, aber auch Probleme des halbschriftlichen Rechnens auf. Hierfür setzt er aber sowohl von der Schüler- als auch von der Lehrerseite und seitens des Lehrwerks gewisse Dinge voraus:

Die Schülerinnen und Schüler (im Nachfolgenden abgekürzt mit ‚SuS') sollen am selbstständigen Entdecken möglichst vieler verschiedener Rechenwege interessiert sein, geeignete Vorkenntnisse besitzen, im Unterricht voll Aufnahmefähig sein und die notwendigen kognitiven Fähigkeiten aufweisen (*vgl. Padberg, 2007, S. 194*).

Von Seiten der Lehrkräfte setzt er voraus, dass sie geeignete und ausreichende Kenntnisse über die verschiedenen halbschriftlichen Rechenstrategien besitzen, welche während des Unterrichts bei den einzelnen SuS zeitnah und hinreichend erkannt werden, gute Verständigungsmöglichkeiten für die SuS (durch geeignete Notationen) bieten und somit Fortschritte eines einzelnen Schülers und der ganzen Klasse erreichen (*vgl. Padberg, 2007, S. 194)*.

Sofern diese Voraussetzungen gegeben sind, kann das halbschriftliche Rechnen ...

- ...eigene Wege eines Schülers oder einer Schülerin aufzeigen, sodass auf eigenem Wege eine (richtige) Lösung erreicht wird (*vgl. Padberg, 2007, S.195)*.
- ...die SuS dazu bewegen, eine Aufgabe flexibel zu lösen *(vgl. Padberg, 2007, S.195)*.
- ...für die SuS anschaulich und verständlich bleiben, da mit den Zahlen als Ganzes und nicht ziffernweise (wie zum Beispiel beim schriftlichen Rechnen) gerechnet wird (*vgl. Padberg, 2007, S.195)*.
- ...den SuS helfen, ihre eigenen Lösungswege und Überlegungen übersichtlich aufzuschreiben und so zu formulieren, dass sie für andere zugänglich werden *(vgl. Padberg, 2007, S.195)*.
- ...differenzieren (*vgl. Padberg, 2007, S.196)*.

- ...helfen, das Kopfrechnen bei größeren Zahlen in der Zahlenraumerweiterung bis 100 oder bis 1000 erfolgreich zu bewältigen (*vgl. Padberg, 2007, S.196).*

Jedoch bringt der Mathematikunterricht in der Praxis auch einige Probleme mit sich, die laut Padberg in den hohen Anforderungen an die Lehrkraft durch die Leistungsheterogenität der Schülerinnen und Schüler begründet ist. Dadurch werden die hohen Anforderungen auch an die SuS übertragen, da besonders leistungsschwache SuS nicht einmal die Grundaufgaben verstehen und das Scheitern an weiteren Aufgaben absehbar ist. Die Änderung der Variation einer halbschriftlichen Strategie zum Lösen einer Aufgabe erfolgt sehr selten (*vgl. Padberg, 2007, S.196 ff.).*

Trotz der dargestellten Probleme, sollte die Anwendung des halbschriftlichen Rechnens im Unterricht nicht vernachlässigt werden, denn es hängt viel vom Leistungsstand der Klasse, der Motivation der einzelnen SuS und von der Leistungsheterogenität ab, in wie weit man das halbschriftliche Rechnen als Lehrkraft durchführen kann, sodass es nicht rezeptartig angewendet wird, sondern auch ein Blick über den Tellerrand hinaus, möglich ist (*vgl. Padberg, 2007, S.199 ff.).*

1.3 Schriftliche Verfahren des Rechnens

Das schriftliche Rechnen ist ein Rechnen mit einzelnen Ziffern auf der Basis des Stellenwertsystems [E(iner), Z(ehner), H(underter),...]. Es beruht auf einem allgemeingültigen Verfahren, welches in seinem Ablauf festgelegt ist und dadurch nach verbindlichen Vorschriften gerechnet wird. Die einzelnen Schritte erfolgen beim Normalverfahren nach einem festen Algorithmus in einer bestimmten Reihenfolge, bei dem das Ergebnis ziffernweise ermittelt wird *(vgl. Krauthausen/Scherer, 2008, S.43, 49; Padberg, 2007, S. 203).*

Um das schriftliche Rechnen möglich zu machen, sind die Verfahren des Kopfrechnens und des halbschriftlichen Rechnens notwendig. Ebenso ist es wichtig die Grundaufgaben zu beherrschen und über das Bündelungsprinzip Bescheid zu wissen. Zwar sind die Anforderungen des Kopfrechnens beim schriftlichen Rechnen gering, dennoch muss man dem Einspluseins, Einmaleins, sowie den dazugehörigen Umkehrungen mächtig sein, die gleichzeitig als Voraussetzung für die schriftliche Addition dienen *(vgl. Schipper, 2009, S.182, 193; Padberg, 2007, S.204).*

Zusammenfassend lässt sich sagen, dass das Verfahren der schriftlichen Addition jeden Stellenwert getrennt betrachtet, um ihn spaltenweise zu addieren (E+E, Z+Z, H+H). Das jeweilige Ergebnis der E, Z, H usw. schreibt man unter den Rechenstrich. Der eventuelle

Übertrag wird in die höher folgende Spalte mitgenommen und dort verrechnet *(vgl. Padberg, 2007, S.203).*

An dieser Stelle ist es wichtig, die Kinder den Rechenvorgang mitsprechen zu lassen, da das Sprechen hilft, das Verfahren zu verinnerlichen. Eine weitere Methode, um das schriftliche Rechnen (hier insbesondere die Addition) zu verinnerlichen, ist beispielsweise das Arbeiten und Veranschaulichen mit Plättchen oder mit Mehrsystemblöcken, das man an der Stellentafel darstellen kann *(vgl. Das Zahlenbuch – Mathematik im 3. Schuljahr, 2001, S.38; Zahlenreise 3, 2000, S.17; Schipper, 2009, S.193).*

Die schriftliche Addition lässt sich gut an das halbschriftliche Rechnen anknüpfen. Dies bietet sich ideal als Hinführung und Einstieg in die Verfahren des schriftlichen Rechnens an. Wichtig ist, dass man an dieser Stelle den Kindern klarmacht, dass das halbschriftliche Rechnen nicht mit der höchsten Stelle (von links nach rechts) beginnt, sondern rechts bei den Einern, da es sich um Stellenwerte handelt *(vgl. Das Zahlenbuch – Mathematik im 3. Schuljahr, 2001, S.63; Padberg, 2007, S.211).*

Bei der schriftlichen Subtraktion unterscheidet man zwischen dem Abzieh- und Ergänzungsverfahren. Während man beim Abziehverfahren die Differenz durch Subtraktion bestimmt, wird beim Ergänzungsverfahren die kleinere Zahl durch passende Addition zur größeren Zahl aufaddiert. Dies hat den Vorteil, dass das Aufwärtszählen von den Kindern in der Regel besser bewältigt wird als das Abwärtszählen. Durch das Wegnehmen beim Abziehverfahren, wird so der eigentliche Sinn einer Subtraktion deutlich. Auch die gleichzeitige Sprachwiedergabe trägt hier zur Verinnerlichung bei *(vgl. Padberg, 2007, S.223; Schipper, 2009, S.200).*

Hinsichtlich des Übertrags führt Padberg (2007) drei Techniken an: Entbündelungstechnik (Borgetechnik), Erweiterungstechnik, Auffülltechnik. Bei der Entbündelungstechnik wird im Minuend eine Einheit des um eins höher folgenden Stellenwert entbündelt, während bei der Auffülltechnik der Minuend unverändert bleibt. Hier wird dem Subtrahenden eine Zahl beigefügt, um den Minuend als Zielzahl zu erhalten. Bei der Erweiterungstechnik werden Minuend und Subtrahend um den jeweils gleichen Betrag erweitert, so dass die Differenz der beiden Zahlen unverändert bleibt (*vgl. Padberg, 2008, S.225 ff.; Schipper, 2009, S.201ff.).*

2. Rechenstrategien

Um eine Aufgabe anschaulicher und leichter rechnen zu können, gibt es verschiedene Strategien, die als Hilfsmittel angesehen werden können.

Mit dem Begriff ‚Strategien' sind in dieser Arbeit „halbschriftliche Hauptstrategien" gemeint, da beim halbschriftlichen Rechnen die Notation und der Rechenweg nicht eindeutig vorgegeben sind *(vgl. Krauthausen/Scherer, 2007, S.47).*

Ein weiteres Argument für Strategien, ist die Tatsache, dass beim halbschriftlichen Rechnen keine Normalverfahren verfolgt werden, sondern geschickt und vorteilhaft gerechnet werden soll (*vgl. Rathgeb-Schnierer, 2006, S.65).*

Die Notation der Aufgaben zum halbschriftlichen Rechnen bezieht sich auf die Form der Notation, die in den Schulbüchern zu finden ist. Andere Notationsformen wie zum Beispiel von Wittmann (1992) sind in dieser Arbeit sekundär. Wittmann schlägt im Gegensatz zur Variante der Notation in Schulbüchern beispielsweise vor, unter dem Rechenstrich nur den Rechenweg festzuhalten und Zwischen- und Endergebnisse hinter dem Gleichheitszeichen zu notieren, während bei der Schulbuch-Notation sowohl die Teilaufgaben als auch die Teilergebnisse unter dem Rechenstrich beschrieben sind *(vgl. Wittmann zit. nach Padberg, 2007, S.166).*

2.1 Halbschriftliches Rechnen: Addition

Padberg *(2007, S.167 ff.)* unterscheidet zwischen folgenden Hauptstrategien:

1. **Schrittweises Rechnen**
   Signifikant bei dieser Strategie ist die Zerlegung des ersten oder des zweiten Summanden (E oder Z). Danach wird schrittweise weitergerechnet *(vgl. Padberg, 2007, S.167).*
2. **Stellenweises Rechnen**
   Hier werden, im Gegensatz zur Strategie des Schrittweisen Rechnens, beide Summanden ihren Stellenwerten (H, Z, E) entsprechend zerlegt. Entweder beginnend mit dem kleinsten oder größten Stellenwert *(vgl. Padberg, 2007, S.168).*
3. **Mischformen**
   Innerhalb der Mischformen kombinieren die SuS die Strategien des Schrittweisen Rechnens und Stellenweisen Rechens miteinander *(vgl. Padberg, 2007, S.168 f.).*
4. **Hilfsaufgabe**
   Hier werden ähnliche Aufgaben (z.B. Analogieaufgaben) gesucht, bei denen man nur eine oder zwei Zahlen verändern muss und das Ergebnis dadurch leichter ermittelt werden kann. „Durch Auf- und Abrunden eines Summanden auf den nächsten vollen Zehner oder Hunderter oder in speziellen Fällen auch durch Analogieaufgaben kann man [...] oft naheliegende Hilfsaufgaben gewinnen" (*Padberg, 2007, S.168 f.*).

5. **Vereinfachen**

   Man erreicht eine Vereinfachung der Aufgabe durch das gegensinnige Verändern. Die ursprüngliche Aufgabe wird dadurch so abgeändert, dass das Ergebnis unverändert bleibt, die Ergebnisfindung aber deutlich leichter wird. Aufgrund des gegensinnigen Veränderns spricht man auch vom „Gesetz von der Konstanz der Summe“ *(vgl. Padberg, 2007, S.169).*

2.2 Halbschriftliches Rechnen: Subtraktion

Padberg *(2007, S.170 ff.)* unterscheidet auch hier zwischen folgenden Hauptstrategien, wobei Strategien 1 und 2 analog zu Kapitel 2.1 sind:

1. **Schrittweises Rechnen**

   Bei dieser Strategie wird der Subtrahend zerlegt und schrittweise vom Minuend subtrahiert *(vgl. Padberg, 2007, S.170 f.).*

2. **Stellenweises Rechnen**

   Man beginnt beim kleinsten Stellenwert und subtrahiert stellenweise (H, Z, E). Padberg merkt an, dass diese Strategie jedoch mit einigen Schwierigkeiten behaftet sei, da man leicht in den negativen Zahlenbereich rutschen könne. Aufgrund dessen wird diese Strategie nur in wenigen Schulbüchern thematisiert *(vgl. Padberg, 2007, S.171).*

3. **Hilfsaufgabe**

   Wie bei der halbschriftlichen Addition in Kapitel 2.1 setzt auch diese Strategie wieder auf das Suchen und Finden ähnlicher Aufgaben. So kann durch das Auf- oder Abrunden eines Summanden auf den nächsten vollen Zehner oder Hunderter eine leichtere Hilfsaufgabe genutzt werden *(vgl. Padberg, 2007, S.172).*

4. **Vereinfachen**

   Während man beim Vereinfachen der halbschriftlichen Addition auf das Gesetz von der Konstanz der Summe und damit auf das gegensinnige Verändern zurückgreift, nutzt man hier das gleichsinnige Verändern. Daher spricht man auch vom „Gesetz von der Konstanz der Differenz“. Ziel ist es hier also den Wert der Differenz durch das gleichsinnige Verändern unverändert zu lassen *(vgl. Padberg, 2007, S.172).*

5. **Ergänzen**

   Diese Strategie gibt es bei der halbschriftlichen Addition nicht. Man ergänzt schrittweise vom Subtrahenden zum Minuenden. Diese Strategie ist besonders effektiv, wenn Minuend und Subtrahend nahe beieinander liegen *(vgl. Padberg, 2007, S.172 f.).*

Das halbschriftliche Rechnen beschränkt sich auf den Zahlenraum bis 100 und mit Einschränkungen bis 1000, da im Zahlenraum bis 100 die Strategien des halbschriftlichen Rechnens am besten entdeckt, verdeutlicht und umgesetzt werden können.

Die Strategien des halbschriftlichen Addierens und Subtrahierens bieten die meiste Vielfalt an Strategien, wohingegen beim halbschriftlichen Multiplizieren und Dividieren fast nur noch das Schrittweise Rechnen anzuwenden ist (*vgl. Padberg, 2007, S.200f.).*

2.3 Probleme und mögliche Fehler beim halbschriftlichen Rechnen

Nach Schipper, Krauthausen/Scherer und Padberg, dessen Inhalt u.a. auf einer Untersuchung von Meseth/Selter (2002) beruht, entstehen die häufigsten Schwierigkeiten und Fehler der SuS beim halbschriftlichen Rechnen *(vgl. Padberg, 2007, S.186 ff.; Krauthausen/Scherer, 2008, S.202 ff.; Schipper, 2009, S.136 ff.):*

- **Notationsfehler**

- **Merk- oder Konzentrationsfehler**

  Addition:

- Vergessen eines Summanden
- doppeltes Verwenden eines Summanden

  Subtraktion:

- doppeltes Verwenden eines Subtrahenden/Minuenden

- **Rechenfehler**

  Addition:

- Addition zweistelliger Zahlen
- Nichtberücksichtigung eines Zehners oder Hunderters beim Übergang
- Zählfehler
- Verrechnen um plus 1 (bei Einern), 11 (bei Zehnern),...
  allgemein: Verrechnen um plus 1, plus 9, plus 10, plus 11
- Verwechseln der Rechenoperation oder falsche Richtung der Rechenoperation
- fehlerhaftes Rechnen mit der Null
- Zehnerüberschreitung

Subtraktion:

- Subtraktion zweistelliger Zahlen
- Zählfehler
- Verrechnen um minus 1(bei Einern), 11 (bei Zehnern),...
  allgemein: Verrechnen um minus 1, minus 9, minus 10, minus 11
- Verwechseln der Rechenoperation oder falsche Richtung der Rechenoperation
- fehlerhaftes Rechnen mit der Null
- Zehnerüberschreitung

▪ **Links-Rechts-Problematik**

Addition und Subtraktion:

- Zahlendreher (bspw. E und Z vertauscht)
- Rechenrichtungsfehler

▪ **Verständnisfehler**

Addition:

- falsche Stellenzuordnung

Subtraktion:

- Subtraktion der kleineren von der größeren Zahl
- falsche Subtraktion der Zehner/Einer auch vom Minuenden
- falsche Verknüpfung der Zwischenergebnisse
- falsche Stellenzuordnung

(Anmerkung: Einige Fehler lassen sich in mehrere Kategorien einteilen. Darauf wird in dieser Arbeit verzichtet, da sie dann doppelt gelistet wären. Es wird versucht, die jeweils treffendste Kategorie für den jeweiligen Fehlertyp zu finden.)

Aufgrund der Leistungsheterogenität in der Klasse wird der Unterricht sowohl für die Lehrkraft als auch für die SuS im Einzelnen immer anspruchsvoller, besonders für leistungsschwächere SuS, die dem Leistungsniveau der Klasse entsprechend einfach „mitgeschleift" werden (*vgl. Padberg, 2007, S.196 f.*).

Als Konsequenz dessen gerät das (halbschriftliche) Rechnen oft in ein automatisiertes Verfahren, das einfach abgespult und angewendet wird – ohne zu hinterfragen oder gar Zusammenhänge zu verstehen. Erschwerend kommt hinzu, dass auch die Schulbücher keine Erleichterung darstellen, da sie „nämlich nur 1 bis höchstens 2 Wege pro Rechenoperation [vorstellen], die dann [...] wie Normalverfahren des halbschriftlichen Rechnens gelernt und angewandt werden“ (*Padberg, 2007, S.197).*

3. Flexibles Rechnen

Das flexible Rechnen soll immer mehr im Mittelpunkt des Mathematikunterrichts in der Grundschule stehen. Die SuS sollen die an sie gestellten Rechenanforderungen mit einer gewissen Flexibilität ausführen.

3.1 Hintergrund

Der Begriff „flexibles Rechnen“ wird unterschiedlich benutzt und verstanden. Mit ihm verbindet Selter zum einen eine Rechenmethode, während Rathgeb-Schnierer die Verfahren innerhalb des Kopfrechnens und des halbschriftlichen Rechnens meint (*vgl. Rechtsteiner-Merz, 2013, S.73; Selter, 2000, S. 229; Rathgeb-Schnierer, 2006, S.48 f., 53ff.).*

Aufgrund der komplexen Mehrdeutigkeit und des vielschichtigen Verständnisses, lässt sich keine einzige und einheitliche Definition finden. Elisabeth Rathgeb-Schnierer führte daher eine Untersuchung in der zweiten Klassenstufe, die über einen Zeitraum von einem Schuljahr andauerte, durch. Die Inhalte beziehen sich auf das additive Rechnen und wurden durch Interviews ergänzt. Sie kam zu dem Ergebnis, dass folgende Kennzeichen für flexibles Rechnen entscheidend sind: Erkennen von Zahleigenschaften, Zahlbeziehungen, Nutzen von Zahlbeziehungen, Zahl- und Aufgabeneigenschaften, Kennen und flexibler Umgang der Rechenstrategien, Begründen des Lösungsweges usw. *(vgl. Rathgeb-Schnierer, 2006, S. 9 ff., 21 ff., 45 ff, .217 ff., 270 ff.; Rechtsteiner-Merz, 2013, S.81 f.).*

Inhaltlich zählt das Zahlwissen (number facts), die Schätzkompetenz und das Zahlgefühl (estimation), das Zahlverständnis (numeration) und das Wissen um den Umgang mit Zahlen bei Rechenoperationen (number and operation) zu den Kompetenzen, die flexible Rechner auszeichnen. Um die Fähigkeit der mathematischen Flexibilität zu erreichen, geht es auch darum, die Mathematik als solches zu verstehen, das heißt den Sinn in etwas zu sehen, Lösungswege verstehen, nachzuvollziehen und kommunizierbar zu machen (*vgl. Rathgeb-Schnierer, 2006, S.80; Rechtsteiner-Merz, 2013, S.80 f.).*

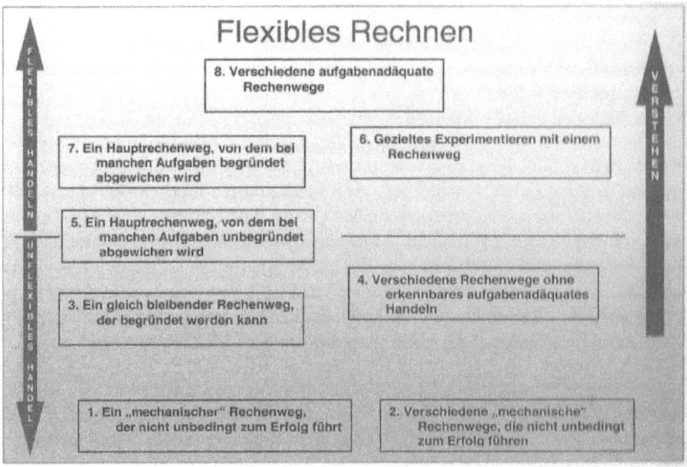

Abb. 1: Lösungsverhalten flexiblen Rechnens

Rathgeb-Schnierer gibt mit dem Modell in Abb. 1 einen Überblick darüber, wie verschiedene Varianten im Lösungsverhalten zum flexiblen Rechnen verknüpft sind. Je mehr man an Verständnis in Bezug auf Zahlen, Aufgabenunterschiede etc. gewinnt, desto flexibler ist das Handeln in Bezug auf die Rechenkompetenzen (*vgl. Rechtsteiner-Merz, 2013, S.82).*

Abb. 2: Einflussfaktoren zum Finden eines Rechenweges

Eine Studie von Rathgeb-Schnierer verdeutlicht, dass Rechenwege durch unterschiedliche Faktoren beeinflusst werden: Darunter zählen die Zahlwahrnehmung, das Zahlenwissen mit dem Wissen über Rechenoperationen und unter anderem die Verwendung strategischer Werkzeuge das Zahlwissen und das Wissen über Rechenoperationen, das Nutzen von strategischen Werkzeugen etc. (siehe Abb.2). Der Weg zum flexiblen Rechnen ist ein individueller Weg, den das Kind vorgibt und der vom Kind ausgehen muss *(vgl. Rathgeb-Schnierer, 2006, S.276 f.).*

An dieser Stelle ist der Zahlenblick, Zahlensinn bzw. der Zahlbegriff (number sense) anzuführen (*vgl. Rechtsteiner-Merz, 2013, S.96*). Schütte versteht darunter die Fähigkeit Verknüpfungen und das Weiterdenken von Zahlbeziehungen herzustellen *(vgl. Schütte, 2004, S.143 ff.)*. Dieser Begriff kann zum Teil als Sinnbild des flexiblen Rechnens gesehen werden. Er wird damit gleichgesetzt, mit dem Rechnen flexibel umzugehen. Nach Schütte solle man sich zuerst die Aufgabe anschauen und dann entscheiden, welche Strategie sich am sinnvollsten nutzen lässt, denn allein durch das reine Beherrschen der unterschiedlichen Strategien wird kein Kind zum flexiblen Rechner *(vgl. Rechtsteiner-Merz, 2013, S.96 ff.; Rathgeb-Schnierer, 2006, S.296; Schipper, 2009, S.130)*.

Zusammenfassend lässt sich feststellen, dass bei der halbschriftlichen Addition und Subtraktion - im Gegensatz zu den schriftlichen Verfahren - die Rechenwege nicht vorgegeben sind. Den SuS steht die jeweilige Notation ebenfalls frei, da jedes Kind auf seiner individuellen Ebene zum Ergebnis kommen soll. Das eine Kind muss ein bis zwei Schritte mehr notieren, wohingegen das andere Kind vielleicht weniger Zwischenschritte braucht, bis es zum richtigen Ergebnis gelangt. Welche Strategie besonders geschickt ist, hängt von der jeweils geforderten Aufgabe ab. Ein Kennzeichen des halbschriftlichen, flexiblen Rechnens ist der variable aber bewusste Einsatz einer Rechenstrategie. Dass dies jedoch in der Praxis nicht funktioniert, zeigt die nachfolgende Studie von Selter *(vgl. Spiegel/Selter, 2003, S.24 f.)*.

Christoph Selter führte zu drei verschiedenen Zeitpunkten eine Studie durch, bei dem er vor der Einführung der Verfahren des schriftlichen Rechnens, direkt nach der Einführung, sowie zu Beginn des neuen Schuljahres jeweils einen schriftlichen Test mit jeweils 6 Aufgaben zur Addition und Subtraktion im Tausenderraum durchführte. In der Studie wurde festgehalten, wie viel Prozent der Kinder jeweils im Kopf, halbschriftlich oder schriftlich rechneten. Die SuS, die halbschriftlich rechneten, nutzten zu ca. 80 % die Strategie des Stellenweisen und Schrittweisen Rechnens sowie Mischformen. Bei der Aufgabe 701-698, die Selter als eine der insgesamt 12 Aufgaben stellte, wurde erstaunlicherweise die auf der Hand liegende Strategie des Ergänzens überhaupt nicht verwendet. Stattdessen überwog das Stellenweise Rechnen *(vgl. Spiegel/Selter, 2003, S.24 f.; Padberg, 2007, S.179 ff., S. 193 f., Rathgeb-Schnierer, 2006, S.57 ff., Schipper, 2009, S.142))*.

Kinder werden in Schulbüchern zum flexiblen Denken und Rechnen angeregt *(vgl. Die Matheprofis 3, 2002, S.31)*. Sie werden aufgefordert, Rechenwege selbst auszuprobieren und ggf. neue Wege zu finden. Weiterhin dürfen sie selbst entscheiden, ob und wie sie ihre Zwischenschritte und Teilergebnisse notieren wollen. Dennoch überwiegen die schriftlichen Verfahren gegenüber den halbschriftlichen Strategien *(vgl. Padberg, 2007, S.190f.)*.

Dies könnte daran liegen, dass die SuS die Strategie am häufigsten verwenden, denen sie vertrauen und die sie sicher beherrschen. Mit Blick in verschiedene Schulbücher wird deutlich, dass die Strategie des Stellenweisen Rechnens sehr häufig vertreten ist, während die Strategie der Hilfsaufgabe beispielsweise weniger bis gar nicht thematisiert wird. Dadurch ist auch nicht gesagt, dass die Lehrkraft im Unterricht weitere Strategien thematisiert, da die Schere zwischen leistungsstarken und leistungsschwachen SuS oftmals weit auseinander geht und schwächere SuS an dieser Stelle überfordert wären. So gesteht Padberg auch ein, dass es für ein Großteil der SuS sinnvoller ist, lieber wenige Strategien zu kennen und dafür richtig anwenden zu können, als viele Strategien, die nur oberflächlich beherrscht werden *(vgl. Padberg, 2007, S.199 f.)*.

Nach der Thematik der schriftlichen Verfahren des Rechnens bietet es sich an, bei einer Aufgabe auf möglichst viele verschiedene Lösungswege hinzuweisen und die SuS selbst finden zu lassen. So lässt sich am Ende gut darüber reflektieren, bei dem die SuS begründen müssen, welcher Rechenweg der geschickteste ist. Damit man nicht in eine Monotonie des Aufgabenrechnens abrutscht und die SuS die Lust verlieren, kann das Finden des Lösungsweges unter motivierenden Aspekten gestaltet werden, zum Beispiel unter dem Aspekt der Schnelligkeit *(vgl. Padberg, 2007, S.201 f.)*. Unterstützend hierzu können Lernwegebücher oder Reisetagebücher dienen, in denen die SuS festhalten müssen, wie sie gerechnet haben und warum sie genau den Rechenweg eingeschlagen haben *(vgl. Padberg, 2007, S.202; Sundermann/Selter, 2006, S.62 ff.)*.

3.2 Bildungsstandards und Teilrahmenplan

Dass das flexible Rechnen zum Mathematikunterricht dazugehört und deshalb einer unabdingbaren Förderung bedarf, ist unumstritten. Aufgrund dieser Wichtigkeit findet man die Förderung flexibler Rechenkompetenzen sogar in den Bildungsstandards wieder *(vgl. Rechtsteiner-Merz, 2013, S.13, S.72)*. In den Bildungsstandards sind alle wichtigen Grundsteine, die als Voraussetzung gelten, damit das flexible Denken und Rechnen überhaupt stattfinden kann, zu finden. Es beginnt mit den Zahlbeziehungen, weitet sich über die Grundaufgaben bis hin zu den verschiedenen Rechenmethoden aus und mündet letztendlich in den schriftlichen Verfahren des Rechnens *(vgl. Bildungsstandards im Fach Mathematik für den Primarbereich, 2005, S.9)*. Auch der Teilrahmenplan der Mathematik schließt sich der Flexibilität der mathematischen Fähigkeiten an, der es als Ziel ansieht, den Mathematikunterricht eigenverantwortlich und flexibel zu gestalten *(vgl. Rahmenplan Grundschule Teilrahmenplan Mathematik, 2014, S. 14, 26 ff., 35)*. Allerdings sehen sowohl der Teilrahmenplan als auch die Bildungsstandards vor, dass o.g. am Ende der vierten Jahrgangsstufe erreicht werden soll. Diese müssen allerdings schon ab dem ersten

Schuljahr altersgemäß verfolgt werden, da auf ihnen der flexible Umgang in der Mathematik aufbaut *(vgl. Hasemann/Gasteiger, 2014, S.127).*

Praktischer Teil

4. Eigene Untersuchung

In dem nachfolgenden Praxisteil geht es um das Untersuchen halbschriftlicher Strategien flexiblen Rechnens. Die Probanden sind 19 SuS einer 3. Klasse.

Hierzu wird untersucht, welche Rechenstrategien am meisten verwendet werden, ob sie bei der Addition eventuell effizienter rechnen als bei der Subtraktion und in wie weit das schriftliche Rechnen eine Rolle spielt.

Die Untersuchung wurde zum besseren Verständnis in zwei Teile (Teil A und B) gegliedert, um auf die unterschiedlichen Strategien detaillierter eingehen zu können. eine gültige Aussagekraft der Studie zu bekommen.

Teil A ist hingegen in Teil 1 und 2 gegliedert, das der Vorder- und Rückseite des Arbeitsblattes entspricht. In Teil 2 wurde untersucht, in wie weit hier das halbschriftliche Rechnen eine Rolle spielt oder ob die Kinder nur von Kopfrechenaufgaben ausgehen.

Die entsprechende Zuordnung ist dem Anhang zu entnehmen.

4.1 Rahmenbedingungen

Die Untersuchung wurde in einer dritten Jahrgangsstufe in einer Grundschule in 67459 Böhl-Iggelheim durchgeführt. An dieser Schule bin ich seit dem laufenden Schuljahr als PES-Kraft tätig und durfte in dieser Klasse, die aus 20 SuS besteht, wovon ein Mädchen am Tag der Untersuchung aufgrund von Krankheit fehlte, bereits einen kompletten Unterrichtstag durchführen. Dadurch dass ich die Klasse, die aus neun Mädchen und elf Jungen besteht, wovon drei Jungen einen Migrationshintergrund haben, der sich sowohl im Sprechen als auch im Schreiben deutlich bemerkbar macht, kenne, konnte ich dort schon einen ersten Bezug zu den Kindern herstellen.

Durch ein Gespräch mit dem Mathematiklehrer habe ich erfahren, dass die Klasse – besonders in Mathematik – eher leistungsschwach ist. Bei Klassenarbeiten im Fach Mathematik schneiden die Mädchen, bis auf wenige Ausnahmen, oft besser ab als die Jungen. Ein Junge wiederholt aufgrund seiner schwachen Leistungen sogar die Klasse.

Als ich in die Klasse kam, um den Elternbrief (siehe Anhang, S.35) auszuteilen und den SuS die Untersuchung, die auf das Rechnen eines Arbeitsblattes reduziert war, anzukündigen, waren die SuS erfreut mich zu sehen und dadurch auch sehr motiviert.

Bereits Anfang April habe ich mit der Schulleitung und dem Klassenlehrer Kontakt aufgenommen und um Erlaubnis zur Durchführung meiner Studie gebeten. Dieser schlug mir vor, die schriftliche Untersuchung zu Beginn der KW 21 durchzuführen, da die SuS vorher aufgrund von Projekt- und Zirkustagen viele Unterrichtsausfälle hätten. Zum Lernstand der Kinder war ich nur unzureichend informiert, weswegen ich nicht genau wusste, wo die Kinder, speziell im Fach Mathematik, stehen und worauf ich eventuell achten müsste. Ebenfalls war ich auch nicht zu 100 % sicher, ob die SuS das schriftliche Addieren und Subtrahieren bereits behandelt hatten.

4.2 Untersuchungsmaterial

4.2.1 Erste Studie: Teil A

Teil A der Studie, der wiederum auch in Teil 1 und 2 gegliedert ist:

Schriftlicher Test mit Vorder- (Teil 1) und Rückseite (Teil 2)

Das von mir erstellte Testblatt zur schriftlichen Untersuchung enthält in Teil 1 Aufgaben zur halbschriftlichen Addition und Subtraktion.

In Aufgabe 1 sollte man halbschriftlich zu einer Lösung kommen. Hierzu wurden jeweils drei Additions- und drei Subtraktionsaufgaben gestellt. Bei 1a) und 1d) war der Rechenstrich von mir vorgegeben, auf den ich vor und während der Untersuchung mehrmals hinwies.

Aufgabe 1a) 70 + 189 enthält jeweils eine Null und eine Neun im Einer. An dieser Stelle ist es wenig sinnvoll, die Aufgabe in Stellenwerte zu zerlegen. Daher war die Additionsaufgabe bewusst so gewählt, da sich hier die Strategie der Verwendung der Hilfsaufgabe gut anbietet, da man im zweiten Summand nur einen Einer braucht, um zum nächsten Zehner zu gelangen. Der zusätzlich verwendete Einer wird im nächsten Schritt dann wieder abgezogen.

$$\underline{70 + 189 = 259}$$
$$70 + 190 = 260$$
$$260 - 1 = 259$$

Hilfsaufgabe

Aufgabe 1b) 299 + 373 wechselt nun komplett in den dreistelligen Zahlenbereich. Gerade bei größeren Zahlen und rechenschwachen Kindern bietet sich das Zerlegen in Stellenwerte an, um die Fehleranfälligkeit zu minimieren. Es werden also beide Summanden in Stellenwerte zerlegt und anschließend die Gesamtsumme errechnet.

299 + 373 = 672
200 + 300 = 500
90 + 70 = 160
9 + 3 = 12

Stellenweises Addieren

Im gleichen Zahlenbereich befindet sich auch Aufgabe 1c) 610 – 590. Da es sich hier um zwei Subtrahenden handeln, die recht dicht beieinander liegen, ist das Verfahren des Ergänzens sehr ertragreich.

610 – 590 = 20
590 + 20 = 610

Ergänzen

Bei Aufgabe 1d) 39 + 99 haben wir je zweimal die Zahl Neun im Einer und sogar eine Neun im Zehner. Durch die beiden Neunen im Einer würde sich sowohl die Strategie des Vereinfachens als auch der Hilfsaufgabe gut anbieten.

39 + 99 = 138
38 + 100 =138

Vereinfachen

Aufgabe 1e) 86 – 59 geht wieder in den Zahlenraum bis 100 zurück. Dadurch dass Minuend und Subtrahend – für ein Grundschulkind – nicht so nahe beieinander liegen, fällt hier die Strategie des Ergänzens weg. Stattdessen würde sich die Strategie des Schrittweisen Subtrahierens gut umsetzen lassen (vgl. KIRA – Deutsches Zentrum für Lehrerbildung Mathematik der Universität Dortmund).

<u>86 – 59 = 27</u>
86 – 50 = 36
36 – 9 = 27

Schrittweises Subtrahieren

Die letzte Aufgabe in dieser Nummer ist 1f) 560 – 270. Da die Zahlen wieder in den Zahlenraum bis 1000 gehen und sich auch hier wieder das Ergänzen nicht anbietet, kann man auf das Schrittweise Subtrahieren zurückgreifen.

Das Stellenweise Subtrahieren lässt sich hier schlecht verwenden, da man beim Subtrahieren der Zehner ins Negative rutschen würde.

<u>560 – 270 = 290</u>
560 – 200 = 360
360 – 70 = 290
290 – 0 = 290

Schrittweises Subtrahieren

Bei Nummer 2 waren die Kinder aufgefordert, ähnlich wie bei Nummer 1, eine Plus- und eine Minusaufgabe zu lösen, bei der sie jeweils dazuschreiben sollten, wie sie gerechnet haben.

Nummer 2a) 199 + 198 hat, ähnlich wie in 1d), jeweils einen Neuner an der Zehnerstelle. Hier ist es interessant zu wissen, ob die SuS zum Beispiel mit dem vollen Zehner rechnen, eine Hilfsaufgabe bilden oder den umständlichen Weg über das Stellenweise Addieren gehen.

Die zweite Aufgabe in Nummer 2 war 151 – 122. Hier ist das Ergänzen die geschickteste Strategie.

Bei Nummer 3 sollten die SuS eine Additionsaufgabe und bei Nummer 4 eine Subtraktionsaufgabe schreiben, die sie gerne rechnen. Hier sollte auf die linke Seite die Aufgabe mit Rechnung und auf der rechten Seite sollte erklärt werden, wie sie gerechnet haben. An dieser Stelle sollte nicht nur untersucht werden, ob die Kinder auch mitteilen können, was sie rechnen, sondern auch ob sie noch untereinander oder schon nebeneinander schreiben.

Die Aufgaben des schriftlichen Tests waren bewusst so gewählt, dass den Kindern jeweils eine Strategie angeregt und nahe gelegt wird.

4.2.2 Zweite Studie: Teil B

Teil B der Studie: schriftlicher Test mit anschließenden Befragungen

Da die Zahlen in Teil A in Teil 1 zu groß waren, regte es – wohl auch aufgrund des aktuellen Unterrichtsgeschehen – bei einem Großteil der SuS das schriftliche Rechnen an, obwohl ich extra auf das halbschriftliche Rechnen hinwies.

Daher habe ich ausgewählte SuS ein zweites Arbeitsblatt mit zweistelligen Zahlen im Zahlenraum bis 100 rechnen lassen, das nur aus einer Nummer bestand. Die Aufgaben wurden abgewandelt dem Arbeitsblatt in Teil A, Teil 1 entnommen, sodass in Teil A, Teil 1 beispielweise die Aufgabe war, 70 + 189 zu rechnen, während sie jetzt in Teil B lautet:

70 + 89. Insgesamt waren jeweils zwei Additions- und zwei Subtraktionsaufgaben zu rechnen.

Bei 1a) 70 + 89 wird, ähnlich wie in Teil A, Teil 1 die Strategie der Hilfsaufgabe nahegelegt. In Aufgabe 1b) steht an der Zehnerstelle jeweils eine 9, die das Vereinfachen bzw. das Rechnen mit dem vollen Zehner anregen soll. Ab 1c) 61 – 59 ging es mit Subtraktionsaufgaben weiter. Da Minuend und Subtrahend sehr dicht beieinander liegen, ist die Strategie des Ergänzens am geschicktesten. Bei 1d) 86 – 59 macht das Zerlegen in Stellenwerte keinen Sinn, da man beim Subtrahieren der Einer ins Negative rutschen würde. Daher kommt man mit dem Schrittweisen Subtrahieren am besten voran.

4.3 Methoden und Durchführung der Untersuchung

4.3.1 Teil A

Die Studie Teil A fand zu Beginn der KW 21 mit 19 SuS statt. Ein Kind fehlte aufgrund von Krankheit bei der Untersuchung.

Für diesen Test wurde ein Zeitfenster von max. 30 Minuten angesetzt, die ein Junge vollends ausschöpfte. Durchschnittlich lag die Bearbeitungszeit bei ca. 20 Minuten.

Zu Beginn der Studie waren die SuS dazu aufgefordert worden, alle sonstigen Materialien, die nun nicht benötigt werden, vom Tisch zu räumen.

Ich erzählte den Kindern nichts von einer Untersuchung, Studie oder gar einem Test, sondern titulierte es als Arbeitsblatt, da bei den Kindern keine negativen Gefühle wie Stress oder Druck aufkommen sollten. Ich erklärte ihnen ebenfalls, dass das Arbeitsblatt nicht bewertet wird und sie deshalb auch keinen Namen darauf schreiben sollen. So konnte ich gewährleisten, dass die SuS ohne negativen Vorgedanken oder gar in eine Stresssituation zu geraten, an das Rechnen herangingen.

Deshalb durften sie das Mäppchen auch auf dem Tisch lassen und ich ließ auch keinen Sitzschutz zwischen den Kindern aufstellen, sondern wies lediglich darauf hin, dass jeder das Arbeitsblatt für sich rechnen soll und achtete auch während des Tests darauf, dass auch jeder auf seinem Blatt bleibt und keine Gespräche geführt werden, um ein möglichst genaues Ergebnis zu erzielen.

Durch den Austeildienst wurden die Arbeitsblätter verteilt und die Kinder wurden darum gebeten, alle Stifte und sonstige Materialien aus der Hand zu legen, um eine ordnungsgemäße Besprechung und einen gleichzeitigen Beginn zu gewährleisten.

Ich ließ die Aufgaben 1-4 vorlesen und klärte aufkommende Fragen. Danach gab ich den Kindern 30 Minuten Zeit zum Bearbeiten der Aufgaben und wies auf den dickgedruckten Strich unter 1a) und 1d) hin, damit sie das Verfahren anwenden, das sie kennen und das ihnen vertraut und sicher ist. Währenddessen lief ich durch die Klasse, um mir einen Überblick zu verschaffen, wie die Kinder rechnen. Als ich merkte, dass viele Kinder begannen, schriftlich zu rechnen, wies ich ein zweites Mal auf den dickgedruckten Strich und das halbschriftliche Rechnen hin.

Da ein Mädchen anscheinend nun nicht mehr wusste, was das halbschriftliche Rechnen ist und wie es funktioniert, begann es zu weinen, weil es – aufgrund des Unterrichtsgeschehens - nur noch das schriftliche Rechnen verinnerlicht hatte. Aufgrund dieses Zwischenfalls lies ich die Studie laufen und gab keine weiteren Zwischenbemerkungen in Bezug auf die Rechenmethode.

Einige Kinder hatten Probleme ihren Rechenweg bei Aufgabe 2-4 zu verschriftlichen und in Worte zu fassen.

Ein Junge, der leicht autistische Züge hat, begann erst nach ca. 15 Minuten mit dem Bearbeiten der Aufgaben. Er füllte lediglich Nummer 1 aus, da ihm der Rest der Aufgaben zu fremd war und er nicht wusste, wie er seinen Rechenweg beschreiben soll. Als ihn der Klassenlehrer am Ende des Tests darauf ansprach, weil er lediglich eine Erklärung für sein Nichtstun haben wollte, bekam er einen Wutausbruch, setzte sich in die Ecke und weinte. Ihm erschien dies zu banal, hinzuschreiben, wie er gerechnet hat.

Als ich mir danach die ausgefüllten Arbeitsblätter ansah, musste ich feststellen, dass ein Großteil der Kinder – trotz meiner Hinweise – schriftlich gerechnet hat. Dies lag vermutlich an den von mir ausgewählten Zahlen im Zahlenraum bis 1000 und der aktuellen Thematik im Unterricht.

4.3.2 Teil B

Aufgrund der am meisten angewandten Rechenmethode wurde eine zweite Studie Teil B durchgeführt, die sich auf den Zahlenraum bis 100 beschränkte.

Der zweite Test wurde spontan am Ende der KW 21 in derselben Klasse durchgeführt. Ich schilderte dem Klassenlehrer mein Problem und vereinbarte mit ihm, neun SuS, die sich aus drei starken, drei schwachen und drei durchschnittlichen Kinder zusammensetzen, erneut zu testen.

Da ich an diesem Tag von der ersten bis zur vierten Stunde den Klassenlehrer in dieser Klasse vertrat, da er an zwei Lehrproben teilnehmen musste, sprach ich mit ihm ab, die zweite Studie an diesem Tag durchzuführen. Da die SuS in den ersten beiden Stunden regulär Kunst hatten, lies ich sie an ihrem angefangenen Bienenbild weiterarbeiten und stellte vor der Tür einen Tisch und zwei Stühle bereit. So konnte ich dafür sorgen, dass ich die Klasse unter Kontrolle habe, die SuS leise und diszipliniert an ihrem Bild weiterarbeiten und konnte parallel dazu an Einzelpersonen meinen Test durchführen. Dies war fast ohne Zwischenfälle möglich.

Nachdem sich zwei Kinder weigerten, mit mir alleine Aufgaben zu rechnen und letztendlich ein Mädchen zu weinen begann, schickte ich sie mit unerledigter Arbeit zurück in die Klasse. Ein Kind der beiden wusste ja beim ersten Test (Teil A) bereits nicht mehr, was das halbschriftliche Rechnen ist und wie es funktioniert. Ich vermute, dieses Kind wusste es bei meiner Einzelbefragung immer noch nicht und geriet in Panik. Das zweite Kind ließ sich davon anstecken.

Das dritte befragte Kind, der Junge mit den leicht autistischen Zügen, war partout nicht dazu bereit, irgendetwas schriftlich zu rechnen, da das alles zu leicht für ihn sei. Er könne es mir lediglich sagen/diktieren.

So blieben mir am Ende nur noch sechs Kinder zu meiner Einzeltestung übrig. Drei Starke, zwei Durchschnittliche und ein eher schwaches Kind.

Die Kinder wurden einzeln von mir aus der Klasse gerufen. Sie sollten ausschließlich einen Stift (idealerweise einen Füller) mit raus bringen. Das Kind bekam das Arbeitsblatt von mir und durfte losrechnen. Hierbei achtete ich darauf, dass auch wirklich halbschriftlich gerechnet wurde. Ein weiteres Kind wusste ebenfalls nicht mehr genau, wie dies funktioniert. Ihm habe ich eine Beispielaufgabe vorgerechnet, woraufhin er dann die von ihm geforderten Aufgaben selbstständig bearbeiten konnte.

Für die Bearbeitung der Aufgaben habe ich jedem Kind 15 Minuten Zeit eingeräumt, die jedoch von keinem Kind benötigt wurde.

Anschließend schaute ich mir das gerechnete Arbeitsblatt an, lies mir die Aufgaben und deren Rechenwege erklären und schrieb parallel dazu mit (siehe Anhang; ab S.47). So wurde jedes Kind insgesamt mit ca. 15 Minuten behaftet.

4.4 Ergebnisse

Die Ergebnisse meiner durchgeführten Praxisuntersuchung unterteilen sich in Teil A und B in den quantitativen und qualitativen Aspekten, die wie folgt vorgestellt werden.

4.4.1 Teil A

Die SuS konnten in Teil 1 insgesamt 10 Punkte erzielen. Hierfür wurden jeweils 6 Punkte für Nummer 1 für das reine richtige Lösen der Rechenaufgaben und 4 Punkte für Nummer 2 zugeteilt. Die vier Punkte bei Nummer 2 errechnen sich aus dem richtigen Lösen der beiden Rechenaufgaben und der jeweils dazugehörigen Erklärung.

In Teil 2 waren 4 Punkte zu erreichen, jeweils zwei Punkte für Nummer 3 und 4. Insgesamt konnten also 14 Punkte erzielt werden. Im Durchschnitt erreichte die Klasse 10,42 Punkte, das entspricht 74,42% der maximal erreichbaren Punktzahl.

x := mögliche Punktzahl

y := Anzahl der Schülerinnen und Schüler

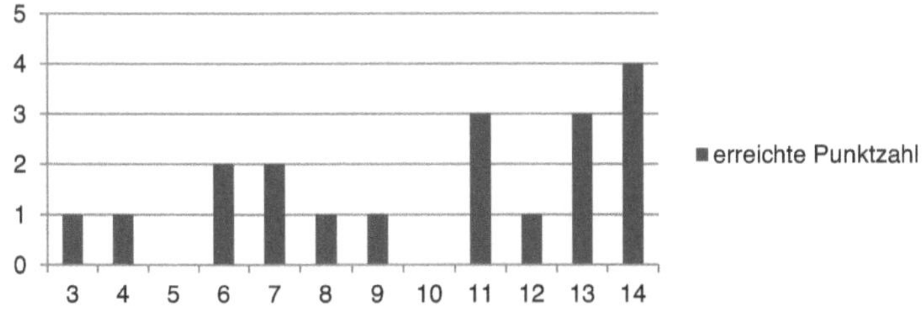

Abb. 3: Punkteverteilung pro Schüler

Bei Aufgabe 1 stellte sich heraus, dass die Aufgaben größtenteils schriftlich gelöst wurden. Davon kam rund ein Viertel der Klasse jedoch zu einem falschen Ergebnis (Abb. 4).

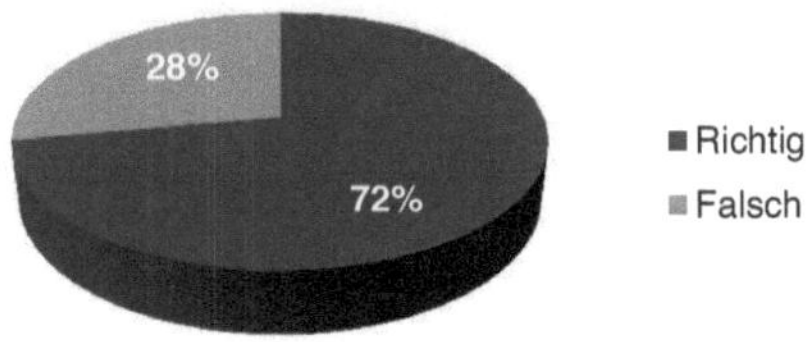

Abb. 4: Auswertung der schriftlich gerechneten Aufgaben

Rund zwei Drittel der Aufgaben wurde von den Kindern mithilfe der in dieser Bachelorarbeit erwähnten Methode des Kopfrechens richtig gelöst (Abb. 5).

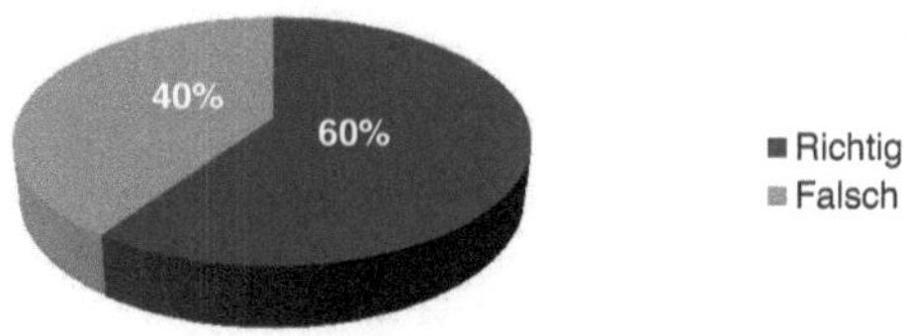

Abb. 5: Auswertung der im Kopf gerechneten Aufgaben

Die acht Kinder, die die Aufgabe über das halbschriftliche Rechnen gelöst haben, wie es eigentlich von mir vorgegeben und erwünscht war, machten keine Rechenfehler und gelangten dadurch alle korrekt zum Ergebnis.

Die schriftliche Rechenmethode wurde von mehr als der Hälfte der getesteten Kinder angewendet, während das halbschriftliche Rechnen, um das es eigentlich ging, nur von 10% angewendet wurde und daher eine untergeordnete Rolle spielte.

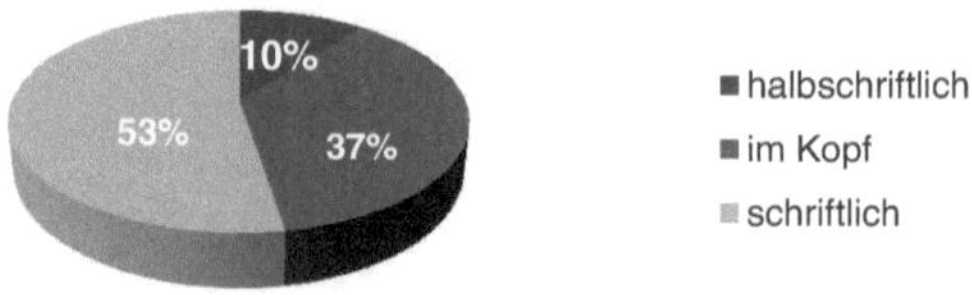

Abb. 6: Auswertung angewandter Rechenmethoden

Die Auswertung der Ergebnisse bei Nummer 2 zeigen, dass – ähnlich wie bei Nummer 1 – 74 % der Aufgaben schriftlich richtig gelöst wurden, während bei der Methode des Kopfrechnens nur 36 % der Aufgaben korrekt gerechnet wurden.

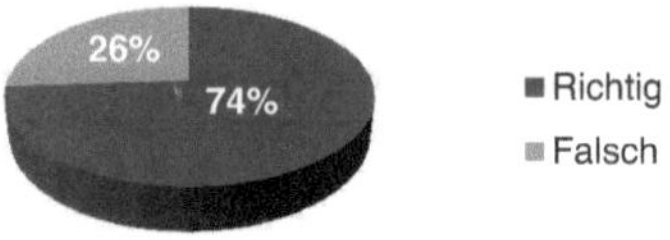

Abb. 7: Auswertung der schriftlich gerechneten Aufgaben

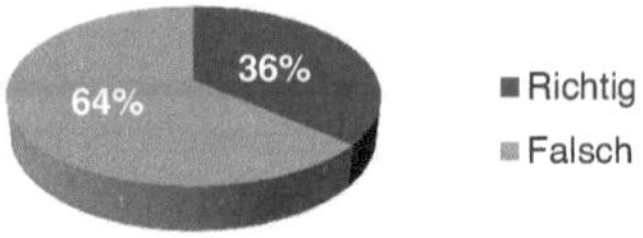

Abb. 8: Auswertung der im Kopf gerechneten Aufgaben

Insgesamt wurde rund zwei Drittel der Aufgaben schriftlich berechnet, weshalb auch hier die Methode des halbschriftlichen Rechnens mit 5% deutlich vernachlässigt wurde.

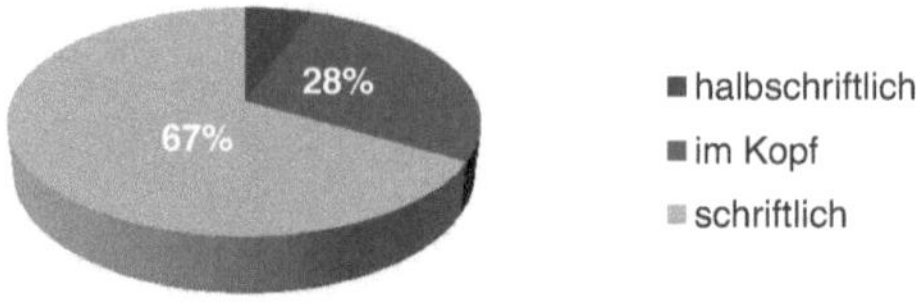

Abb. 9: Auswertung angewandter Rechenmethoden

Die Ergebnisse aus Teil 2 zeigen mit der Dominanz des schriftlichen Rechnens ein ähnliches Resultat.

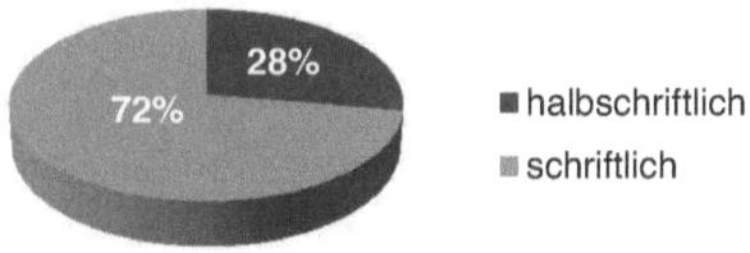

Abb. 10: Auswertung angewandter Rechenmethoden

4.4.2 Teil B

In diesem Teil konnten maximal vier Punkte erzielt werden, pro korrekt gelöste Aufgabe gab es einen Punkt. Diese Auswertung zur Punkteverteilung wurde nur auf Wunsch des Klassenlehrers erstellt.

x := mögliche Punktzahl

y := Anzahl der Schülerinnen und Schüler

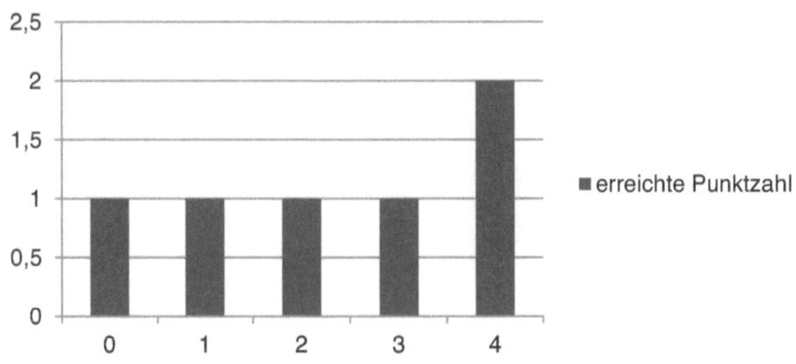

Abb. 11: Punkteverteilung pro Schüler

Alle Kinder rechneten halbschriftlich, wobei nur zwei Kinder alle Aufgaben richtig hatten.

Anhand meiner ersten Studie (Teil A) lässt sich sagen, dass das schriftliche Rechnen die am meisten verwendete Rechenmethode war, die den Kindern die wenigsten Fehler einbrachte. Da diese Rechenmethode nicht das Ziel meiner Studie sein sollte, beschränke ich mich nun auf das Verfahren des halbschriftlichen Rechnens.

Bei den Strategien in Bezug auf das halbschriftliche Rechnen sieht das Ergebnis folgendermaßen aus:

Die meisten Kinder verwendeten das Stellenweise und Schrittweise Rechnen. Hier wurde bei Zwischenschritten in zwei Fällen die Analogiebildung genutzt. Lediglich einem Kind kann man einen Ansatz des Zahlenblicks zuschreiben, das durch das Vereinfachen und Nutzen von Hilfsaufgaben geschickt rechnete.

Auffällig ist, dass die Kinder, die sich für ein Rechenverfahren entschieden hatten, auch konsequent bei diesem blieben und nicht hin und her wechselten. In den seltesten Fällen wurde zwischen dem Kopfrechnen und dem schriftlichen Rechnen abgewechselt.

Das Verfahren des Ergänzens wurde nur im Bereich des Kopfrechnens durchgeführt, wobei es den SuS schwer fiel, zu begründen, warum und vor allem wie sie gerechnet hatten. Dies konnte mir nur durch langes Nachfragen erklärt werden.

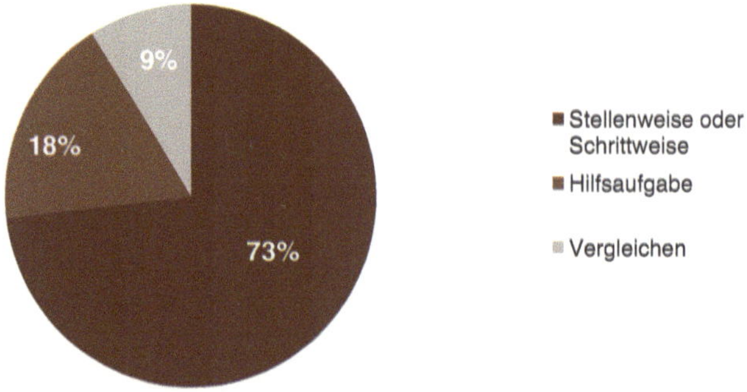

Abb. 12: verwendete Strategien halbschriftlichen Rechnens

Meine ermittelten Ergebnisse stimmen in etwa mit der Studie von Christoph Selter (siehe S. 14) überein. Die Kinder wählten lieber den umständlichen Weg über das Stellenweise Rechnen, das sehr fehleranfällig ist, gerade wenn der entsprechende Stellenwert im Subtrahend größer als im Minuend ist. Sie haben dabei mehrschrittige Zwischenergebnisse notiert, als beispielsweise eine nur zweischrittige Hilfsaufgabe zu formulieren. Hier ist die

Gefahr des Verrechnens, das Vergessen oder gar falsche Übernehmen von Teilergebnissen ebenfalls nicht zu unterschätzen.

So wurde beim Bilden einer Analogieaufgabe mit dem falschen Zwischenergebnis weitergerechnet. Immerhin war es eine gute Leistung, dass der Schüler sich zu helfen wusste, leider hatte er nicht mehr daran gedacht, die Null im Einer wieder anzufügen.

Ein weiterer gehäufter Fehler, der sowohl beim halbschriftlichen als auch beim schriftlichen Rechnen passierte, ist das falsche Hinschreiben und Anwenden der Rechenoperation. In einigen Fällen wurde auch die Zehnerbündelung und -überschreitung nicht beachtet.

Der am meisten aufgetretene Fehler, der in der Untersuchung von den SuS beim schriftlichen Rechnen gemacht wurde, war die Spaltenweise Unterschiedsbildung, bei dem eine größere Zahl von der kleineren abgezogen wurde.

Fazit

In der vorliegenden Bachelorarbeit wurde die Anwendbarkeit und Akzeptanz verschiedener Rechenstrategien sowie der zugehörigen Rechenmethoden untersucht, um herauszufinden, wie flexibel die SuS rechnen.

Es wurde festgestellt, dass die SuS kein geschultes Auge im Hinblick auf den Zahlenblick haben. Einigen Kindern fehlt es sogar an Grundwissen über das halbschriftliche Rechnen, sodass eine Anwendung dessen fast unmöglich ist.

Sobald eine Methode des Rechnens verstanden und verinnerlicht wurde, wird diese automatisiert angewendet. Ein gutes Beispiel zeigen die durchgeführten Studien. Da der Klassenlehrer mit den Kindern momentan das schriftliche Rechnen intensiv übt, geriet das Wissen und die Anwendung über das halbschriftliche Rechnen bei einigen Kindern in den Hintergrund und in Vergessenheit. Dies hängt vielleicht auch damit zusammen, dass sie recht schwache Schüler sind, die erst eine Vorlage brauchen, um etwas, das länger nicht mehr gebraucht wurde, wieder abrufen zu können.

Wie man sieht, spielt beim flexiblen Rechnen das aktuelle Unterrichtsthema des schriftlichen Rechnens eine große Rolle. Obwohl in dieser Studie in Teil B drei starke und zwei durchschnittliche Kinder teilnahmen, konnte nur eines dieser Kinder auf mehrere Strategien zurückgreifen, diese anwenden und einigermaßen verständlich erklären. Die anderen Schüler blieben bei einer Strategie, die in den meisten Fällen recht ungeschickt war.

Das Argumentieren, Begründen und Erklären spielt im Mathematikunterricht eine zentrale Rolle. Daher zählt es in den Bildungsstandards auch zu den wichtigen prozessbezogenen Kompetenzen, die von jedem Schüler und jeder Schülerin am Ende der Grundschulzeit erreicht werden sollten. Deren Wichtigkeit lässt sich am besten an der Ich-Du-Wir - Methode, die ich in meinem Vertiefenden Praktikum kennenlernen durfte, verdeutlichen.

Dieses Prinzip haben Peter Gallin und Urs Ruf ins Leben gerufen. In der Ich-Phase beschäftigt sich jeder Schüler mit dem Thema zuerst für sich alleine. So ist gewährleistet, dass jeder seine individuellen Vorkenntnisse nutzt, an diese anknüpft und dadurch eigene Lösungswege (wenn auch keine vollständigen Lösungen) ermitteln kann. In der Du-Phase findet der Austausch mit einem Partner oder einer Kleingruppe statt. Hier werden erste Rechenwege oder Ergebnisse zusammengetragen, sodass man idealerweise gemeinsam zum Ziel kommt. In der Wir-Phase präsentiert man das Ergebnis der Gesamtgruppe.

An dieser Stelle ist es essentiell, Anderen mitteilen zu können, was man sich bei der Bewältigung der Aufgabe gedacht hat und eine Nachvollziehbarkeit des Lösungsweges zu ermöglichen. Es wird eine mathematische Vermutung aufgestellt, die mit Argumenten begründet werden muss, um den Gegenüber zu überzeugen. Hier spielt das Problemlösen ebenfalls eine Rolle, da man durch ein (mathematisches) Problem zu Vermutungen gelangt. Wenn diese Vermutung hinterfragt wird, kommt das Begründen und Argumentieren ins Spiel.

Viele Kinder hatten Probleme, einen Rechenweg sowohl schriftlich als auch mündlich darzustellen. Einige Kinder waren verunsichert, sobald die erste Zwischenfrage eingeworfen wurde. Dies könnte daran liegen, dass die SuS es nicht gewohnt sind, etwas erklären zu müssen.

Um diese Verunsicherung zu beseitigen, bietet es sich an, mit gezielten Aufgabenstellungen zu einem mathematischen Problem, die das gegenseitige Austauschen und Weiterforschen anregen, dieser Schwäche entgegenzuwirken. Dies lässt sich beispielsweise gemäß dem Ich-Du-Wir-Prinzip umsetzen, bei dem die Kinder auch Einsicht in andere Rechenwege bekommen und sich daran orientieren können. So können schwache Schüler von den Starken lernen und das Argumentieren und Erklären gewinnt an Routine.

Aufgrund dessen sollte der Mathematikunterricht immer das Ziel zum Nachdenken über Lösungswege und Denkprozesse der Kinder im Auge haben, bei dem die Kommunikation ebenfalls angeregt wird.

Beim flexiblen Rechnen ist es wichtig, dass die Kinder nicht per exakter Vorschrift eine Methode oder Strategie anwenden, um eine Aufgabe zu lösen, sondern dass sie Aufgaben- und Zahlbeziehungen erkennen und diese nutzen.

Um diesen Zahlenblick zu schulen, kann man beispielsweise eine Aufgabe mit den unterschiedlichen Strategien im Plenum an der Tafel vorrechnen (lassen), bei der die SuS im Anschluss die einzelnen Rechenwege erklären müssen. Hier könnte es gerade für schwächere Kinder eine Hilfe sein, da eine Orientierung an diesen Beispielen möglich ist.

Aufgaben, die den Zahlenblick verbessern und näherbringen, wie zum Beispiel das Rechnen mit Zahlenmauern oder Rechenpäckchen sind ebenfalls von Vorteil. Ideal sind Aufgaben, bei denen die SuS selbst den Fehler finden, begründen und verbessern müssen, da ihnen dadurch bewusst wird, auf welche Aspekte man achten muss.

Ein flexibles Rechnen mit ausreichend vorhandenem Zahlen- und Aufgabenblick wird nicht bei jedem Kind zu erreichen sein, da jedes Kind auch eigene Präferenzen in Bezug auf das (halbschriftliche) Rechnen hat, dennoch kann dieser geschult werden. Dies wäre ein erster Schritt in die richtige Richtung.

Literaturverzeichnis

Haller, W., Schütte, S., & Verboom, L. (2002). *Die Matheprofis 3.* (S. Schütte, Hrsg.) München: Oldenbourg Schulverlag GmbH.

Hasemann, K., & Gasteiger, H. (2014). *Anfangsunterricht Mathematik.* Berlin, Heidelberg: Springer Spektrum Verlag.

Krauthausen, G., & Scherer, P. (2007). *Einführung in die Mathematikdidaktik.* (F. Padberg, Hrsg.) Heidelberg: Spektrum Verlag.

Kühnel, J. (1930). *Vier Vorträge über neuzeitlichen Rechenunterricht.* Leipzig: Klinkhardt Verlag.

Padberg, F. (2005). *Didaktik der Arithmetik* (Bd. für Lehrerausbildung und Lehrerfortbildung). Berlin und Heidelberg: Springer Verlag.

Padberg, F., & Heckmann, K. (2008). *Unterrichtsentwürfe Mathematik Primarstufe.* (F. Padberg, Hrsg.) Heidelberg: Spektrum Verlag.

Rathgeb-Schnierer, E. (2006). *Kinder auf dem Weg zum flexiblen Rechnen.* Hildesheim und Berlin: Verlag Franzbecker.

Rechtsteiner-Merz, C. (2013). *Flexibles Rechnen und Zahlenblickschulung.* Münster: Waxmann Verlag GmbH.

Schipper, W. (2009). *Handbuch für den Mathematikunterricht an Grundschulen.* Braunschweig: Westermann Schroedel Diesterweg Schöningh Winklers GmbH.

Schütte, S. (2004). Rechenwegnotationen und Zahlenblick als Vehikel des Aufbaus flexibler Rechenkompetenzen. *Journal für Mathematik-Didaktik*(Heft 2), S. 130-148.

Selter, C. (2000). Vorgehensweisen von Grundschüler(inne)n bei Aufgaben zur Addition und Subtraktion im Zahlenraum bis 1000. *Journal für Mathematik-Didaktik*(Heft 3/4), S. 227-258.

Selter, C., & Meseth, V. (2002). Zu Schülerfehlern bei der nicht-schriftlichen Addition und Subtraktion im Tausenderraum. *SWZ, Heft 45*, 51-58.

Selter, C., & Spiegel, H. (1997). *Wie Kinder rechnen.* Leipzig: Klett Verlag.

Spiegel, H., & Selter, C. (2003). *Kinder & Mathematik.* Seelze/Velber: Kallmeyer'sche Verlagsbuchhandlung GmbH.

Wittmann, E., Müller, G. (1992). *Handbuch produktiver Rechenübungen.* Band 2: Vom halbschriftlichen zum schriftlichen Rechnen. Stuttgart: Klett Verlag

Wittmann, E., Müller, G., Berger, A., & Fischer, M. (2001). *Das Zahlenbuch* (Bd. Mathematik im 3.Schuljahr). (E. Wittmann, & G. Müller, Hrsg.) Leipzig: Klett Verlag.

Internetquellen:

Kultusministerkonferenz. *B*ildungsstandards im Fach Mathematik für den Primarbereich (2005).
http://www.kmk.org/fileadmin/Dateien/veroeffentlichungen_beschluesse/2004/2004_10_15-Bildungsstandards-Mathe-Primar.pdf
Zugriff am: 06.05.16, 14:39 Uhr, 06.06.16, 17:57 Uhr

Deutsches Zentrum für Lehrerbildung Mathematik. *KIRA*. (2007).
http://kira.dzlm.de/
Zugriff am: 26.05.16, 19:38 Uhr

Ministerium für Bildung, Wissenschaft, Weiterbildung und Kultur. Rahmenplan Grundschule *Teilrahmenplan Mathematik* (2014).
http://grundschule.bildung-rp.de/rahmenplan/teilrahmenplan-mathematik.html
Zugriff am: 05.05.16, 11:37 Uhr, 06.05.16, 14:32 Uhr, 22.05.16, 09:18 Uhr, 06.06.16, 17:37 Uhr

Abbildungsverzeichnis

Abb. 1: Lösungsverhalten flexiblen Rechnens

aus: Rathgeb-Schnierer, 2006, S.271

Abb. 2: Einflussfaktoren zum Finden eines Rechenweges

aus: Rathgeb-Schnierer, 2006, S.277

Abb. 3: Punkteverteilung pro Schüler

Abb. 4: Auswertung der schriftlich gerechneten Aufgaben

Abb. 5: Auswertung der im Kopf gerechneten Aufgaben

Abb. 6: Auswertung angewandter Rechenmethoden

Abb. 7: Auswertung der schriftlich gerechneten Aufgaben

Abb. 8: Auswertung der im Kopf gerechneten Aufgaben

Abb. 9: Auswertung angewandter Rechenmethoden

Abb. 10: Auswertung angewandter Rechenmethoden

Abb. 11: Punkteverteilung pro Schüler

Abb. 12: verwendete Strategien halbschriftlichen Rechnens

Anhang

Elternbrief ... 35

Aufgabenmuster Teil A ... 36

Aufgabenmuster Teil B ... 38

Bearbeitete Aufgabenblätter: Teil A ... 39

Bearbeitete Aufgabenblätter: Teil B ... 47

Elternbrief

Elternbrief – Information

Liebe Eltern der 3.Klasse,

mein Name ist Marleen Gerdon, ich bin 24 Jahre alt und studiere Grundschullehramt an der Universität Koblenz-Landau, Campus Landau. Seit diesem Schuljahr bin ich hier an der Schule als PES-Kraft tätig.

Im Rahmen meines Studiums und der damit verbundenen Abschlussarbeit, die ich gerade im Fach Mathematik schreibe, muss ich eine Praxisuntersuchung in einer Schulklasse durchführen. In meinem Fall ist dies eine Praxisuntersuchung in der Klasse Ihres Kindes zum Thema „Flexibles Rechnen in der Grundschule in Klassenstufe 3".

Diese Untersuchung möchte ich in KW 19 (spätestens jedoch in KW 21) durchführen. Sie findet während des Mathematikunterrichts **einmalig** für ca. 30 Minuten statt. Die Kinder bekommen ein Aufgabenblatt, auf dem sie Additions- und Subtraktionsaufgaben lösen und ggf. kurz ihren Rechenweg erläutern müssen. Für mich ist hierbei nur wichtig zu sehen, welchen Rechenweg die Kinder nutzen.

Während der kompletten Untersuchung bleibt Ihr Kind **anonym**. In meine Abschlussarbeit fließen lediglich die **anonymisierten und ausgewerteten Ergebnisse** ein. Es werden also **keine persönlichen Daten** weitergegeben.

Diese Untersuchung ist **keine Lernstandsanalyse** und hat daher auch **keinerlei Auswirkungen auf die schulische Leistungsbeurteilung** Ihres Kindes.

Bei eventuellen Rückfragen können Sie mich gerne telefonisch oder per eMail kontaktieren:

Herzlichen Dank!

Mit freundlichen Grüßen

M. Gerdon

Marleen Gerdon

Aufgabenmuster Teil A

Teil 1

Arbeitsblatt

Nr. 1 Löse die Aufgaben!

a) 70 + 189 =

d) 39 + 99 =

b) 299 + 373 =

e) 86 – 59 =

c) 610 – 590 =

f) 560 – 270 =

Nr. 2 Schreibe auf, wie du rechnest.

a) 199 + 198 =

b) 151 – 122 =

Teil 2

Nr. 3 Erfinde eine Plusaufgabe, die du gerne rechnest.
Rechne sie auf der linken Seite aus. Beschreibe auf der rechten Seite kurz, wie du gerechnet hast.

Nr. 4 Erfinde eine Minusaufgabe, die du gerne rechnest.
Rechne sie auf der linken Seite aus. Beschreibe auf der rechten Seite kurz, wie du gerechnet hast.

Aufgabenmuster Teil B

Arbeitsblatt

Nr. 1 Löse die Aufgaben! Wie rechnest du?

a) 70 + 89 =

b) 39 + 99 =

c) 61 – 59 =

d) 86 – 59 =

Bearbeitete Aufgabenblätter: Teil A

Von den SuS bearbeitete Aufgabenblätter in Auszügen: Teil A

Kind 16

Arbeitsblatt

3/6

Nr. 1 Löse die Aufgaben!

a) 70 + 189 = 259

d) 39 + 99 = 128

b) 299 + 373 = 562

e) 86 − 59 = 27

c) 610 − 590 = 20

f) 560 − 270 = 90

Nr. 2 Schreibe auf, wie du rechnest.

4/4

a) 199 + 198 = 397

schriftlich undereinander

b) 151 − 122 = 29

schrieftlich undereinander

Kind 3

Arbeitsblatt

Nr. 1 Löse die Aufgaben!

6/6

a) 70 + 189 = 259

190 + 70 = 260
260 - 1 = 259

d) 39 + 99 = 138

40 + 100 = 140
140 - 2 = 138

b) 299 + 373 = 672

300 + 373 = 673
673 - 1 = 672

e) 86 - 59 = 27

86 - 60 = 26
26 + 1 = 27

c) 610 - 590 = 20

610 - 590 = 20

f) 560 - 270 = 290

560 - 270 = 290

Nr. 2 Schreibe auf, wie du rechnest.

4/4

a) 199 + 198 =

200 + 200 = 400
400 - 3 = 397

b) 151 - 122 =

$$\begin{array}{r} 151 \\ -122 \\ \hline 29 \end{array}$$

oder: 100 - 100 = 0
51 - 22 = 29

Ich habe...
...die zu addierenden Zahlen aufden nächsten Zehner aufgerundet.
...die gerundeten Zahlen addiert.
...aufgerundetes subtrahiert.
ist einfach!

Ich habe...
...schriftlich gerechnet. schr leicht!
ODER
...erst die Hunderter.
...danach einer und Zehner zusammen.
kann ich gut!

Kind 6

Arbeitsblatt

Nr. 1 Löse die Aufgaben! 3/6

a) 70 + 189 = 259

d) 39 + 99 = 138

b) 299 + 373 = 372 f

e) 86 – 59 = 23 f

c) 610 – 590 = 80 f

f) 560 – 270 = 290

Nr. 2 Schreibe auf, wie du rechnest. 2/4

a) 199 + 198 = 297 f

Ich Hab die Hundert + die Hundert gerechnet, die Einer + die Einer, und die Zehner + die Zehner.

b) 151 – 122 = 31 f

Ich hab hier das gleiche wie drüben gerechnet nur halt in –.

Kind 3

Arbeitsblatt

Nr. 1 Löse die Aufgaben!

6/6

a) 70 + 189 = 259

190 + 70 = 260
260 - 1 = 259

d) 39 + 99 = 138

40 + 100 = 140
140 - 2 = 138

b) 299 + 373 = 672

300 + 373 = 673
673 - 1 = 672

e) 86 - 59 = 27

86 - 60 = 26
26 + 1 = 27

c) 610 - 590 = 20

610 - 590 = 20

f) 560 - 270 = 290

560 - 270 = 290

Nr. 2 Schreibe auf, wie du rechnest.

4/4

a) 199 + 198 =

200 + 200 = 400
400 - 3 = 397

b) 151 - 122 =

151
- 122
29

oder:
100 - 100 = 0
51 - 22 = 29

Ich habe...
...die zu addierenden Zahlen auf den nächsten Zehner aufgerundet.
...die gerundeten Zahlen addiert.
...aufgerundetes subtrahiert.
ist einfach!

Ich habe...
...schriftlich gerechnet. sehr leicht!
ODER
...erst die Hunderter.
...danach einer und Zehner zusammen.
kann ich gut!

Nr. 3 Erfinde eine Plusaufgabe, die du gerne rechnest.
Rechne sie auf der linken Seite aus. Beschreibe auf der rechten Seite kurz, wie du gerechnet hast.

2/2

137
+524
661

Ich hab zuerst 1+5=6 gerechnet und dann 3+2=5 1+4=5 so rechne Ich im Plus

Nr. 4 Erfinde eine Minusaufgabe, die du gerne rechnest.
Rechne sie auf der linken Seite aus. Beschreibe auf der rechten Seite kurz, wie du gerechnet hast.

1/2

125
−476
371 f

Ich hab zuerst 1−4 gerechnet und dann hatte die =3 2−1=1 und dann rechne Ich 5−6=1 so rechne Ich.

4/14

Nr. 3 Erfinde eine Plusaufgabe, die du gerne rechnest.
Rechne sie auf der linken Seite aus. Beschreibe auf der rechten Seite kurz, wie du gerechnet hast.

2/2

```
  972
+ 327
1
 1299
```

1299 ist eine große zahl ich schreibe ~~immer~~ immer schriftlich es ist auch einfacher.

Nr. 4 Erfinde eine Minusaufgabe, die du gerne rechnest.
Rechne sie auf der linken Seite aus. Beschreibe auf der rechten Seite kurz, wie du gerechnet hast.

2/2

```
  982
- 282
  700
```

minus ist schwer aber es ist nicht schwer wen man schriftlich rechnet.

14/14

2/2

Nr. 3 Erfinde eine Plusaufgabe, die du gerne rechnest.
Rechne sie auf der linken Seite aus. Beschreibe auf der rechten Seite kurz, wie du gerechnet hast.

1. 500+890=
1310

2.
```
  578
+ 793
  1 1
 1372
```

(1) wenn die aufgabe leicht ist dann rechne ich im Kopf, wenn die Aufgabe aber (2) schwer ist dann rechne ich die Aufgabe schriftlich.

2/2

Nr. 4 Erfinde eine Minusaufgabe, die du gerne rechnest.
Rechne sie auf der linken Seite aus. Beschreibe auf der rechten Seite kurz, wie du gerechnet hast.

1.
```
   10
  600
- 210
  1
  390
```

2.
```
  891
- 311
  580
```

Daselbe wie bei Plus.

14/14

Nr. 3 Erfinde eine Plusaufgabe, die du gerne rechnest.
Rechne sie auf der linken Seite aus. Beschreibe auf der rechten Seite kurz, wie du gerechnet hast. 2/2

9+9=18

bei der 9
fehlt 1 zur 10
wen dan nochmal
eine 9 da zuko
mt wird von der 9
1 weggenomen

Nr. 4 Erfinde eine Minusaufgabe, die du gerne rechnest.
Rechne sie auf der linken Seite aus. Beschreibe auf der rechten Seite kurz, wie du gerechnet hast. 2/2

18-9=9

Wie oben
bei Plus, ist es
so wie bei minus

7/14

Bearbeitete Aufgabenblätter: Teil B

Von den SuS bearbeitete Aufgabenblätter in Auszügen: Teil B

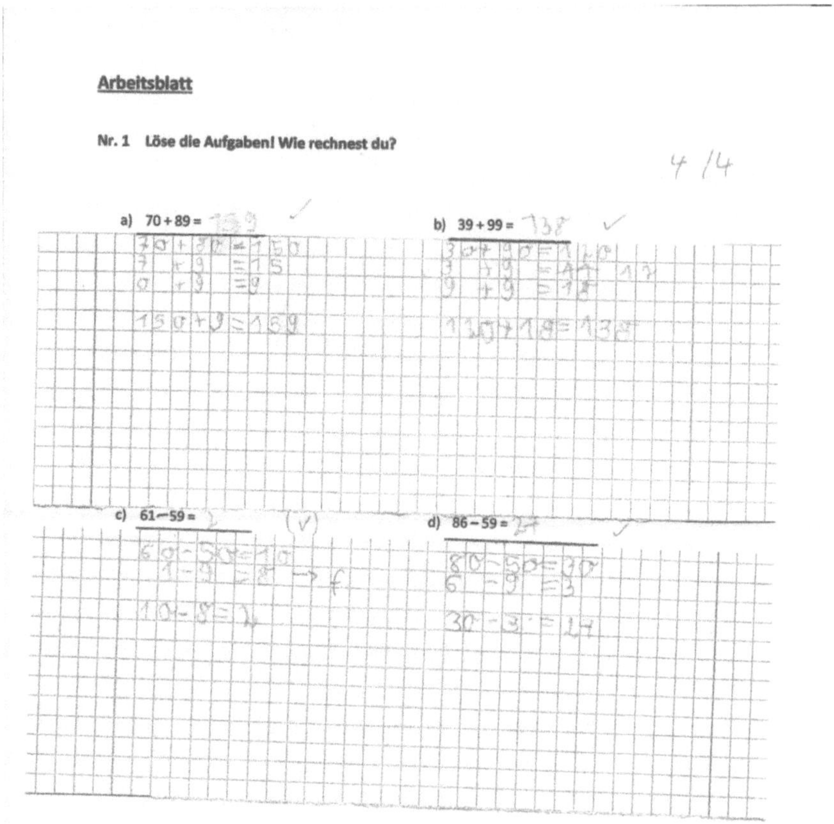

Arbeitsblatt

Nr. 1 Löse die Aufgaben! Wie rechnest du?

a) 70 + 89 =

b) 39 + 99 =

c) 61 − 59 =

d) 86 − 59 =

Arbeitsblatt

Nr. 1 Löse die Aufgaben! Wie rechnest du?

1/4

a) 70 + 89 = 229 f

70 + 80 = 7 + 8 = 15 = 150
70 + 9 = 79

150
+ 79
229

Zuerst 70 + Zehner,
dann 70 + Einer,
Ergebnis plus gerechnet

b) 39 + 99 = 138 ✓

30 + 90 = 120
9 + 9 = 18

120
+ 18
138

Zuerst 30 + Zehner,
dann ~~30 +~~ Einer + Einer
Ergebnis plus gerechnet

c) 61 − 59 = 82 f

61 + 9 = 70
70 + 50 = 7 + 5 = 12

70
+ 12
82

Zuerst 60 + Einer,
dann Ergebnis + Zehner
Ergebnis plus gerechnet

falsche Rechenoperation
auch bei Besprechung
nicht aufgefallen!

d) 86 − 59 = 33 f

80 − 50 = 30
6 − 9 = 3

Zuerst 80 − Zehner,
dann Einer − Einer
Ergebnis plus gerechnet

Habe nach Besprechung
nachgefragt, ohne auf
die Aufgabe zu verweisen, was 6−9
ergibt. Antwort: 3
↳ Ziffernweises
Rechnen

Arbeitsblatt

Nr. 1 Löse die Aufgaben! Wie rechnest du?

014

a) 70 + 89 = 24 f

70 + 80 = 7 + 8 = 15
15 + 9 = 24

Zuerst 70 plus Zehner, das wusste ich nicht, dann habe ich Nullen weggemacht, dann Ergebnis plus Einer gerechnet

b) 39 + 99 = 149 f

39 + 90 = 139
139 + 9 = 149

Zuerst 39 plus Zehner, dann plus Einer

c) 61 – 59 = 19 f

61 – 50 = 10
10 – 9 = 19

Zuerst 61 minus Zehner, dann minus Einer

d) 86 – 59 = 23 f

86 – 50 = 36
36 – 9 = 23

Zuerst 86 minus Zehner, dann minus Einer